小学生气象科普

森林村的小气象迷 系列

雨的秘密

朱应珍★著

气象出版社
China Meteorological Press

图书在版编目（CIP）数据

雨的秘密/朱应珍著.—北京：气象出版社，
2010.5（2017.3重印）
（小学生气象科普.森林村的小气象迷系列）
ISBN 978-7-5029-4974-7

Ⅰ.①雨…　Ⅱ.①朱…　Ⅲ.①雨–少年读物
Ⅳ.①P426.6-49

中国版本图书馆CIP数据核字（2010）第079471号

Yu de Mimi
雨的秘密

出版发行: 气象出版社
地　　址: 北京市海淀区中关村南大街46号
邮政编码: 100081
总编室: 010-68407112
发行部: 010-68408042
网　　址: http://www.qxcbs.com
E-mail: qxcbs@cma.gov.cn
责任编辑: 崔晓军
终　　审: 章澄昌
封面设计: 博雅思企划
插　　图: 崔月海
责任技编: 吴庭芳
责任校对: 永　通
印　　刷: 北京中新伟业印刷有限公司
开　　本: 880 mm×1230 mm　1/32
印　　张: 2.75
字　　数: 32千字
版　　次: 2010年5月第1版
印　　次: 2017年3月第3次印刷
印　　数: 11001~14000
定　　价: 12.00元

序

　　少年儿童是祖国的花朵，是国家的未来，特别需要全社会的精心呵护。我国是世界上气象灾害频发的国家之一，在自然灾害中气象灾害占70%以上，而少年儿童又是防御自然灾害最薄弱的环节之一。人们不会忘记，2005年6月黑龙江省沙兰镇一场突发性局地暴雨引发的山洪夺去了107名小学生的生命；2007年5月重庆开县的一次雷击造成7名小学生死亡、几十名学生受伤……这些惨痛的教训，充分印证了加强少年儿童的气象防灾减灾科普教育的重要性和必要性。党和国家历来十分重视少年儿童的防灾减灾科普教育工作，胡锦涛总书记多次强调，要将防灾减灾知识纳入国民教育。因此，防灾减灾从娃娃抓起，使少年儿童树立良好的气象防灾减灾意识，提高自救互救基本能力，非常重要，意义深远。

气象科普是气象科技联系经济社会发展和人民生产生活的重要纽带，也是推动气象事业科学发展，提升公共气象服务能力，发挥气象服务效益的重要途径。气象出版社以气象防灾减灾为主体，组织编写出版《小学生气象科普》系列图书，正是气象事业和出版事业以人为本、服务社会的体现。为此，我感到十分欣慰，也很高兴写《序》，向广大的少年儿童推荐此系列图书。

　　《小水珠系列》通过两滴来自不同星球的小水珠的偶遇和忽天忽地的结伴旅行及那门变幻莫测、绝伦无比的"气象炮"的神通广大，把许多常人不易明白的天气、天象变化原理，诠释得恰到好处，比如说大多数人都知道台风破坏力极大，但小水珠却因落进了台风眼而安然无恙，这些一波三折故事的叙述，让小读者在担心之中很容易理解其中的气象知识。

　　《森林村的小气象迷系列》通过小猴子、小梅花鹿、小蜜蜂、小蚂蚁、小恐龙、小灵猫这些比较可爱、孩子们又比较喜欢的动物形象来展现故事情节。这些森林村的小动物在日常生活中总会碰到这样或那样与天气有关的问题，而对同一个问题大家都会根据自己的理解去解释，从而产生出不同的答案。本系列图书在解决矛盾冲突、给出正确答案的过程中，把风雨雷电、阴晴冷暖等枯燥抽象的气象知识活灵活现地呈现在小读者面前。

《气象神探贝贝狗系列》描述了森林村的小动物在生活中遇到的不少难以破解的案例，这些案例有的导致动物死亡，有的造成植物毁坏，有的引发集体生病……气象神探贝贝狗利用自己掌握的气象知识破解了一个个难解之谜。我想这些故事能启发小读者，如何趋利避害合理利用气象知识。

以上图书语言简洁、活泼、有情趣，行文中运用了孩子的口气，不仅能吸引少年儿童，成年人看后，也会意犹未尽。不难看出，作者是在力求吃透气象知识的科学原理，抓住其本质，把气象科普知识以最贴近实际、最贴近生活、最贴近群众的方式展现给读者。希望这些图书能被小读者喜欢，也希望后续品种能越做越好，力求在气象科普宣传战线上出现越来越多的精品图书。

最后，愿借写此《序》之机，希望广大气象工作者认真奉行"以人为本，无微不至，无所不在"的气象服务理念，重视气象科普工作；广大气象科技人员能够多花点时间，创作更多的气象科普图书；气象出版社组织更多的力量，多出气象科普图书，特别是多出精品，常出精品。通过各方面的持续努力，一定会使气象科普根深叶茂，兴旺发达，为人民安全福祉做出新的更大的贡献！

愿气象科普之花在神州大地盛开，芬芳四溢，香满人间！

郑国光

2009年8月1日于北京

前　言

　　在北半球有一片没有人去过的大海边，那里有一个美丽的小村庄。小村庄里住的都是一些动物，有小猴子、小梅花鹿、小蜜蜂、小蚂蚁，还有史前动物小恐龙和一只又聪明又顽皮的小灵猫。住在这里的动物们可友好啦，大家一起住，一起吃，一起劳动。不论谁有困难，大家都会一起帮他解决。动物们很喜欢自己住的小村庄，也喜欢一起玩耍的同伴。因为在小村庄的周围有一片很茂密的森林，所以动物们把自己住的小村庄命名为"森林村"。

　　在这片茂密的森林里生长着各种各样的果树，一年四季都会有果树开花、结果，只要走近森林，花香、果香就会扑鼻而来，让人流连忘返。所以，森林村的动物们根本不

用担心会饿肚子。

在森林的旁边还有一条小溪，溪水清澈透明，从岸上就能看到水底下的一切东西，红色的、金色的、白色的、黄色的各种鱼儿在小溪里畅游，真是漂亮极了。在小溪的岸边有大片的青草地，还有一个动物们自己修建的花园。

在小村庄和森林的后面是崇山峻岭，一座山连着一座山，好像望不到头似的。就是因为有这些大山把森林村跟外界隔绝开来，所以，才没有人类和任何凶猛的野兽到过森林村。

森林村和大海之间，有长满红树林的海滩。这里的红树林长得可高大了，差不多有十几米高，就像是一堵拦在大海和森林村之间的围墙。可不能小看这片红树林啊，就是因为这片红树林像卫士一样站在海滩上，所以不管是来了台风还是海啸，都奈何不了森林村和那片果林。

　　总之，森林村真是一个好地方，是许多动物都想去的地方。不过，就是在这个美丽的小村庄里，发生了一系列的事儿，原因都和气象有关。也就是在研究气象的同时，这些动物们一个个都变成了热爱气象的小气象迷。

　　让我们悄悄地走进森林村，看看这里都发生了哪些故事吧！

朱应珍

2010年5月

大自然的杰作

1=F 2/4

每分钟140拍，活泼地

词：朱应珍
曲：李向京

目录

雨是怎样形成的?

在森林村的草地上，小蚂蚁南南和小恐龙西西在下跳棋；在花园里，小梅花鹿北北在给花摘枯叶、浇水。

小梅花鹿北北一次又一次地到小河里提水，**给花浇水**，累得直喘粗气。她一屁股坐在地上，对着小蚂蚁南南和小恐龙西西大叫："喂，你们两人真清闲，也不来帮我提水浇花。**瞧，花都快干死了。**"

小蚂蚁南南："这个小花园就是为你种的，只有你天天在里面采花、捉蝴蝶。我们男子汉不喜欢花，你就自己慢慢提，慢慢浇吧！"

北北气得站起来直跺脚，转过身又去浇花："再也不会求你们了，求也是白求，求

你们还不如求老天爷呐。"

小蚂蚁南南："我告诉你求谁最好，求小灵猫。让他告诉天上的小动物们，赶快随地大小便。"

小灵猫刚好走过来，听到小蚂蚁南南这句挖苦自己的话，便走到他的身边，在他背上用力拍了一巴掌："好哇，南南，你竟敢拿我以前说过的话来嘲笑我，看我怎么收拾你！"

南南赶快站了起来，转身给小灵猫作揖："对不起，小灵猫，我是在跟北北开玩笑呢。嘿，真不知道是怎么回事，**天很久都没有下·雨了**。"

小恐龙西西眨巴眨巴眼睛："不知道**怎样才会下雨**。"

小蚂蚁南南："我给燕博士打个电话，请他过来好吗？"说完，南南便从口袋中掏出手机给燕博士打电话。

接到电话后燕博士很快就来了："想知

道怎样才会下雨，那就让我们先**烧一锅开水吧**。"

小恐龙西西赶快跑回屋，抱来一口大锅，大锅的盖子是玻璃的。小灵猫用砖架了一个简单的灶。小蚂蚁南南从树林中捡了一些枯树枝。小梅花鹿北北把提来浇花的水，倒进了大锅内。

南南把火点着，火燃烧得很旺，锅里的水很快就开始沸腾了，白色的水汽不断往上升，碰到玻璃盖子后，就变成了一颗颗的小水珠。**这些小水珠聚在一起，变成大水珠后，又落到了水里。**

小蚂蚁南南："这就是下雨呀，不太像。天上有很多云的时候，才会下雨。"

燕博士："地球上的海洋和陆地，每年有45 000亿吨的水，会被太阳晒热后，变成水汽升到空中。而高空温度低的冷空气就像锅盖一样，使上升的水汽变成许许

多多的小水滴。"

小灵猫："锅盖上形成的
水滴很快就不断地降落下来，
而天空为什么就不会天天下雨
呢？"

燕博士："天空的那些小
水滴，可没有我们烧水时的水滴
那么大。它们又小又轻，在空中
聚在一起飘来飘去，这就是我们天天都能看
到的云。小水滴在云中动来动去的，见到从
地上蒸发上来的水汽，就一口吞进自己肚子
里。并且，小水滴之间还在不断打架，你撞
我一下，我碰你一下，**个子大的会吃掉
个子小的**。当云中的小水滴长大100万倍
后，就变成了一个真正的雨滴。"

小灵猫："哇！100万倍，那要吃多少水
汽，打多少次架呀！难怪不会天天下雨啊。"

小梅花鹿北北："我们这儿很久没有
下雨了，是不是地上**蒸发上去的水汽**

太少的原因。"

小蚂蚁南南："我们多做一些灶，多买一些大锅来烧水，让水汽都跑到高空，是不是就能下雨了？"

燕博士："这是远远不够的。空气中必须含有大量的水汽，**当空气很潮湿时，才会下雨。**"

小灵猫："燕博士，空气看不见，又摸不着，不可能像我们的衣服，淋了雨就湿了，晒了太阳或者吹了风，就变干了。嗯，空气是湿还是干，我们怎么感觉得到呢？"

大水滴　　大水滴

小水滴　小水滴

更大水滴　　更大水滴

小水滴合并成大水滴

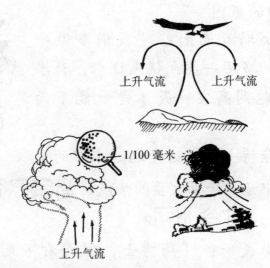

太阳照射引起水汽上升成云致雨

水汽在锋面上升成云致雨

水汽在迎风坡抬升成云致雨

石板也会出汗？

在森林村的小花园里，小梅花鹿北北在里面种植了许许多多的花草，有一年四季都开花的五颜六色的月季花，有白色的茉莉花、红色的凤梨花，还有玫瑰色、橘黄色和粉红色的三角梅，种最多的就是菊花。另外，也有一些不会开花，只可观赏绿叶的植物。

在花园里有用**石板做的凳子**，小恐龙西西最喜欢到这个小花园来玩耍，他喜欢用手碰碰含羞草，看它一合一张的样子，或者把鼻子凑到花前闻闻花香。玩累了，就坐到石板凳上休息。

可是，今天的小花园好像有点不太一样。小恐龙西西感觉最明显的，就是**石板凳的颜色与平时不太一样**，用手

7

摸一下，竟摸了一手的水。

小恐龙西西气呼呼地四处看看，正好看见小灵猫在花丛中捉蝴蝶："小灵猫，是不是你把水倒在凳子上了？"

小灵猫："你要搞清楚，我是来捉蝴蝶的，又不是来浇花的。西西，是你自己的汗滴在石板上了吧？"

"乱讲，我哪里有出汗啊。"

小灵猫："那石板上怎么会有水呢？难道石板也会出汗吗？"

"是不是有什么外星人来浇水呢？"

小灵猫："又胡说。这里面肯定有原因，说不定又是天气在捣鬼。还是请燕博士来告诉我们吧。"

小灵猫掏出手机给燕博士打电话。燕博士很快就飞了过来，小灵猫指着湿漉漉的石板凳给燕博士看："燕博士，您说石板也会出汗吗？"

"这不是我们平常所说的出汗，这是大

雨的秘密

气中的水汽凝结的汗。还记得上次烧开水的试验吗？"

小灵猫："记得，水烧热以后，就会有水汽往上升，碰到冷的锅盖后，水汽就变成了小水珠。"

小恐龙西西："这儿可没有人烧开水啊？"

燕博士："但是，我们周围空气的温度，也会有时高有时低。比如白天温度高，晚上温度低，**若温度相差很大，也能产生出汗的现象**。"

小恐龙西西："为什么有时石板凳是干的，有时是湿的呢？"

燕博士："在天快要下雨时，空气中的水汽很多，空气比较潮湿，各种物体表面接触到的水汽也会比较多。我们用手摸一下就知道，**石板表面的温度比较低**，低于我们周围空气的温度，空气中的水汽碰到冷石板后，就会凝结成水珠，使原来的干石板变得湿漉漉的了。"

小恐龙西西："啊，原来是空气中的水汽把石板凳搞湿了。"

小灵猫："那么看见石板出汗，是不是就能预报天要下雨了？"

燕博士："大气中的水汽是形成云或者降雨的主要原料，**石板出汗**就是空气中的水汽增加后造成的，一般是快要**下雨的先兆**。"

小灵猫得意洋洋、昂首挺胸地摇着身体："哈哈！我也可以当气象预报员了。"

燕博士："没那么简单。空气中水汽含量的多少，光凭眼睛看是不行的，气象科学把空气中水汽含量的多少称为空气湿度。空气湿度是靠仪器来测量的，从中可以知道空气的潮湿程度。"

小灵猫："**空气湿度怎么表示啊**？"

燕博士："这个问题比较复杂。在气象观测中常常用水汽压力、相对湿度和露点温度来表示空气的干湿程度。**水汽压力**，表示空气中水汽含量的大小，单位是百帕；**相对湿度**表示距离空气中水汽饱和的相对程度，用百分比表示；**露点温度**表示空气中的水蒸气变为露珠时的温度，单位是摄氏度。"

小灵猫："啧啧，空气的湿度这么烦人呀，听得头都大了。"

燕博士："这就让你害怕了？空气湿度的这些表示方式，有的是可以直接从仪器上读出来，而有些还需要去查算出来。"

小恐龙西西："哇，就空气湿度的观测都这么啰唆，气象观测看来并不简单。"

小灵猫："测量空气湿度的仪器是用什么做的，是不是用我们这样的大石板去做啊？"

燕博士："这么笨重的大石板，怎么能做仪器啊。测空气湿度的仪器，是用**毛发**做的。"

小灵猫："燕博士，空气湿度大会下雨，那有森林的地方，湿度肯定比陆地上其他地方大，是不是下雨也更多呀？"

有森林的地方雨水更多吗？

一连下了好几天的雨，森林村小河里的水都漫到河岸上来了。树上的每一片叶子都挂着水珠，只要有一点点晃动，水珠就会从树上落下来，地上也是湿漉漉的，草地上积起了一个个的水洼。

小动物们都待在房间里，小恐龙西西坐在地上直打瞌睡；小梅花鹿北北坐在门口，悲伤地盯着被雨水打得垂下头来的花朵；小蚂蚁南南靠在小恐龙西西的身边，一直在打哈欠；燕博士和小猴子东东正在聊天，而小灵猫则站在一旁听着。

燕博士："我们的粮食不多了，东东，你开车去城里一趟，买点粮食和蔬菜回来。"

小灵猫："我能跟猴哥一起去吗？"

"好的，要带好雨衣和雨伞啊。"

"没问题。"

小灵猫和小猴子东东打着伞出了房门，一会儿，汽车就开出来了，小灵猫坐在驾驶室内东东的身边，汽车很快朝城里开去。

猴子东东和小灵猫买了粮食和蔬菜，很快就从城里回来了。下车后，小灵猫一手提着米袋，一手打着伞，走进门，就把米袋子放在桌子上，边收伞，边唠叨："这是怎么一回事啊，城里早就不下雨了，我们这儿还在下雨。老天有没有搞错啊，欺负我们森林村呀！"

小恐龙西西："这种情况我也碰见过好几次，那次是很久没有下雨，后来，我们森林村下了雨，城里还是没下雨，那可是老天照顾我们森林村啊。"

小灵猫："我就搞不明白，为什么森林村的雨比其他地方下得多？"

燕博士："那我们就要先看看为什么会

13

下雨？"

小灵猫："这个我知道，大
海、江河湖泊的水被太阳晒得蒸发
后，就变成了水汽，水汽升到高高
的天空以后，上面很冷，就凝结成小雨滴，当小
雨滴越积越多，变成大雨滴，就落下来了。"

燕博士："对。那降雨量的多少，是不
是**与水汽的多少关系很大**呀？"

小灵猫："从我们这儿到城里又不是很
远，空中的水汽应该差不多吧。"

燕博士："我们这儿有很多的森林和植
物，每年，陆地上的总降水量中，
有三分之一是被植物抢走的。植物
就好像是一个抽水机，它们利用根
系，不停地吸收地下的水分，又不断地通过树
枝和叶子，把水分蒸发到天空去。"

小灵猫："这样就会使森林地区天空中
的水汽比其他地区的天空更多吗？"

燕博士："科学家做过试验，1公顷的森

林，一个夏天蒸发的水分，比同样面积而没有树林的地方要多20倍。"

小灵猫："树林把下雨时抢来的雨水都送给了天空，自己不会干死吗？"

燕博士："森林地区的土壤很会储水，

下雨时，**树冠**可以抢来10%~20%的雨水，然后渗到地底下。而太阳光很难直接照射进森林里，地上的水蒸发得很慢，加上还有从树下落下来的树叶、草丛都能吸收很多的水分。所以，森林里面存了很多的水，可以源源不断地供给树枝和树叶去蒸发。"

小灵猫：**"树木的蒸发量有多大？"**

燕博士："每公顷杉木林，每年可以蒸发2550吨的水，与同一纬度，同样面积的海洋相比，要多蒸发50%。"

小灵猫："空气是会流动的，树林蒸发的水分，不会被空气带到别的地方去吗？"

燕博士："树林比平地要高，空气流

动到这里，会被高高低低的树冠阻挡住它的去路，没办法，空气只能往上升。水汽往上升，会怎么样呀？"

小灵猫："**遇冷就会凝结成雨滴。**哦，难怪我们这儿的雨水更多。"

燕博士："所以说植树造林能增加降雨量，减少干旱，夏天更凉爽，空气也更新鲜。"

小恐龙西西："嗯，还是住在森林村好。"

小灵猫："燕博士，树木比平地高，可以把带着水汽的空气拦住，让它在这儿多降雨。那山更高，更能拦住气流，那会不会高山的这一边比另一边雨水更多呢？"

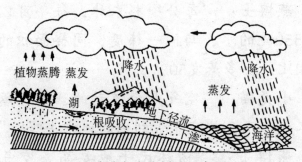

地球上水分循环示意图

16

高山两边的雨量为什么不一样?

森林村要举行摄影比赛,小动物们个个都想大显身手,在比赛中夺取好成绩。燕博士的傻瓜照相机可忙了,今天,这个借去照相;明天,那个借去照相。好不容易每个小动物都跟燕博士借了一次,摄影比赛的前期准备工作,总算是结束了。

今天的天气很不错,**不冷也不热,风力也很小**。在森林村的草地上插了两根杆子,两根杆子之间拴了一根长长的绳子,绳子上面用夹子夹着小动物们拍的照片。大家兴高采烈地欣赏风格不同的各种照片。

瞧,小梅花鹿北北喜欢种花,她拍了各种各样的花,有如火如荼的杜鹃花,还有花

色鲜美的君子兰。

小恐龙西西喜欢钓鱼，他拍了鱼儿在河里游泳的照片，还自拍了自己钓了一条大鱼的照片。

……

看到小灵猫拍的照片，大家就议论开了。

小恐龙西西："小灵猫拍的是一张照片，还是拍了两张照片拼在一起的。想得第一，也不能造假呀。"

小梅花鹿北北："就是，怎么同一座山，**一边好像在下雨**，模模糊糊的，**另一边却是晴天**，很清楚。"

小灵猫："我是站在观测场的山顶上拍的，拍的就是远处那座高山。因为我喜欢森林和大山，所以就拍了那座山。"

西西："那怎么会拍得一边清楚，一边不清楚呢？"

"我也不知道是怎么一回事。难道是高

山把天空劈成了两半，**一半在下雨，一半天晴**。"

正在另一边看照片的燕博士，听到这边乱哄哄地在评论照片，就走了过来："怎么啦，大家在研究谁拍的照片呀？"

小灵猫："燕博士，您看看我拍的这张照片，怎么会一边清楚，一边不清楚。是您的相机有问题，还是我的技术不行。"

燕博士："我的相机没问题，你的技术也不错，更不错的是，你的机会抓得很好。"

小灵猫："为什么说是好机会，他们可都说我的照片没拍好。"

燕博士："你把**高山是雨水的分界线**拍出来了，难道不好吗？"

小灵猫："为什么说高山是雨水的分界线呢？"

燕博士："高山耸立在平地上，就好像

19

是一道屏障，阻碍着空气的流动。当从海洋上携带着大量水汽的空气，不断地流到这里时，高山拦住了它的去路。一部分潮湿的空气想要到山那边去，就只好沿着山坡往上爬。"

小灵猫："我知道，潮湿空气在往上爬时，温度会下降。湿空气中的水汽就会凝结成雨滴，落下来。"

燕博士："没错。由于从海洋上来的潮湿空气源源不断，所以，向风的山坡，雨水就会更多一些。"

小灵猫："背风的那一面山坡，就得不到什么雨水了？"

燕博士："因为大量的水汽都在向风的山坡变成了云和雨水，能爬过山顶到另一边去的空气，差不多都是卸掉了水汽这个包袱，**体轻才越过山顶**的。所以，背风的山坡，得到的雨水就很少了。"

小恐龙西西："住在高

山背风面的人真不划算。"

燕博士："世界最高的**喜马拉雅山，南坡是世界上降水量最多的地方**，每年的降水量有11 640毫米；而北坡中国的拉萨，年降水量只有442毫米，还不到南坡的4%。

小灵猫："树林不断往天空输送水汽，海洋也把大量的水汽送到天空，为什么雨水就不能均匀地降下来呢？古人常说，清明时节雨纷纷，为什么清明的时候，雨会下个不停呢？"

21

清明前后为什么一直下雨?

森林村的早晨,天空仍然是灰一块,黑一块的,雨还在不停地下着,无数条细细的雨丝把天空和大地连在一起。屋檐上的雨水滴滴答答不断地敲击着地面,草地都来不及把落下来的雨水吸收到地下去,积起了一个又一个的小水坑。

森林村的房屋外面,除了雨水的声音外,几乎听不到其他的声音,爱唱歌的小鸟,也早就不知躲到哪儿去了。

房屋内,小恐龙西西的呼噜声,大得好像要掀翻屋顶似的,其他的小动物早已习惯了西西的呼噜声,仍然睡得很香甜。只有小蚂蚁南南很早就起床了,他坐在门边的凳子上,用双手撑着脑袋,两眼一直盯着门外的天空。

雨的秘密

南南盼望天赶快晴起来，可等呀，等呀，**雨却一直下个不停**。南南终于忍不住了，先是小声地哭，后来，就放声大哭起来。小恐龙西西的呼噜声停止了，在一片喧闹声中，小动物一个个都起床了。小灵猫最先来到南南的身边："南南，你怎么啦，哭得这么伤心？"

南南没有回答，还是不停地哭。小梅花鹿北北也走过来了，她拍拍南南的背，关切地说："南南，你有什么委屈就跟大家说说。别哭了，再哭，我也想哭了。"

南南："天还在下雨。"

北北："这雨都下了好几天了，有什么好伤心的。"

"你们还记得那次的**大台风**吗？"

小灵猫："年年都有台风，谁知道你说的是哪一个台风？"

"就是那个把我的兄弟姐妹都卷到海里

去的台风。"

小灵猫："哦，**那次的台风真够吓人的，差点毁了我们森林村。**"

"我本来想采一些鲜花，到海边祭奠一下兄弟姐妹们。"

小梅花鹿北北："没问题，想采什么花就采什么花，我不会小气的。"

南南："可雨总是下个没完没了，都没有办法到海边去。"

小灵猫："等天晴的时候再去呀。"

南南："别人都是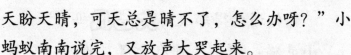的时候祭奠死去的亲人。可从清明节的前几天就开始下雨了，清明节已经过去好几天了，还在下雨。我天天盼天晴，可天总是晴不了，怎么办呀？"小蚂蚁南南说完，又放声大哭起来。

小恐龙西西走过来："南南，别哭了。等一下，我背着你打着伞去采花，然后再背

你到海边去好吗？"

"那样很不方便的。"南南不好意思地说。

小恐龙西西："没关系，别哭了好吗？"

小灵猫："我就是搞不懂，**为什么清明节前后，雨总是下个没完没了。**"

燕博士一直站在小动物的中间，没有说话。现在听小灵猫这么一问，就站了出来："因为清明节前后，正是寒冷的冬天已经过去，春天已经来临的时候。这时，**从东南方海洋上来的又暖和又潮湿的空气开始活跃起来**，它们不停地往陆地跑。而从北方来的冷空气，虽然没有冬天那么强壮，但仍然不愿意把地盘让给暖湿空气。它们碰在一起，就打架。"

小灵猫："是不是暖湿空气中的水汽，遇冷就会凝结成小雨滴，所以就要下雨。"

　　燕博士："对。清明前后，冷空气和暖湿空气几乎一直在**江南一带**的上空打来打去的。并且，江南春天的大气层中水汽很多很多，晚上的温度一降下来，就容易凝结成毛毛雨。所以，古人都感叹：**清明时节雨纷纷。**"

　　小灵猫："南南，看来想等到晴天不容易，就让西西背你去吧。燕博士，春雨绵绵下个没完没了，为什么夏天却是雷阵雨多呢？"

雷阵雨为什么特别喜欢夏天?

　　这是夏天的一个炎热的下午，天空的阳光明晃晃的，照得眼睛都睁不开。森林村的树林里，数不清的知了在鸣叫个不停，大概也觉得天气太热，所以才大声地向太阳提意见。一些不知道名字的小鸟，也陪着知了一起叫。其实，它们不叫还清静一点，这一叫，反而让人感到**又热又烦躁**。

　　小动物住房外面的草地上，那棵大树这下可有用了，又大又密的树冠挡住了耀眼的太阳光，树下有一块又大又圆的树荫。小恐龙西西知道自己睡觉的呼噜声很响，所以就蜷着身子在大树的阴影下睡觉。

　　突然，**一大团白云从天边飞快地往头顶上爬去**，越往上爬，云团就越大，颜色由白色变成了灰色，最后变成了黑

色。黑色的云盖住了整个的天空。原来明亮的天空，一下子变成了夜晚似的。**一道闪电从空中划过，紧接着就是一声响雷。**小恐龙西西吓得从地上跳了起来，一摇一摆地往房子跑去，可没跑两步，电闪雷鸣，**倾盆大雨**从天而降，西西被淋得浑身湿漉漉的。

　　小灵猫从窗口看见西西被雨淋得摔了一跤，赶快跑出去，把西西扶起来，一起跑回家。

　　回到家里，西西一边拿毛巾擦身上的雨水，一边用眼睛寻找燕博士，看见燕博士正坐在椅子上看外面的天空，就走到燕博士身边："燕博士，刚才太阳还那么大，怎么我才睡了一会儿，就又是闪电又是打雷的，还下了那么大的雨？夏天的天气变化真快。"

　　燕博士："这就是**雷阵雨**。世界上雷雨最多的印度尼西亚茂物市，一年365天，平均有322天要下雷阵雨。"

小灵猫吓得只伸舌头，停了一下便问道："为什么夏天的雷阵雨特别多呢？"

燕博士："夏天，天气相当热，大地的水汽被太阳晒得不断蒸发，水汽不断往上升，一直升到高空，而大气的温度会随着高度而改变，越往高空走，气温就越

低，**当这些水汽升到两三千米的高空时，遇冷会凝结成小小的水滴**，这

些小水滴聚在一起，就形成了我们经常看到的、白白的、像馒头一样的积云。"

小灵猫："像馒头一样的云，就叫**积云**。我见得多了，可很少看到它们会下

雨。"

燕博士："但是，随着地面上的水汽不停地蒸发，不断地升往高空，这些积云就会

不断地加厚、扩大，颜色由白色逐渐转为黑灰色，只有头顶是亮亮的；**形状由馒头**

发展成长满了疙瘩的老树瘤，就变成了浓积云。"

小灵猫："啊，当积云拼命往上爬，变得越来越难看时，就成了浓积云！"

燕博士："这个时候，如果高空有冷空气流过来，就会把浓积云继续往上推，一直把浓积云推到七八千米甚至更高的天空。"

小灵猫："这么高的天空中，还会有什么东西呀？"

燕博士："在这么高的天空，**大气层是比较稳定的，像一个结实的大屋顶一样挡住了浓积云**，使它再也升不上去。而下面的水汽却像奔腾的河水一样，继续不断地涌上来，越来越多的水汽使浓积云越积越大，越来越厚，颜色越来越黑。"

小灵猫："就像现在的天空，明明是白天，却像夜晚一样，黑咕

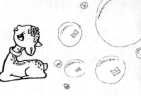

隆咚的。"

燕博士:"浓积云中的小水滴在不断碰撞中,一会儿浮上去,一会儿飘下来,大的吃掉小的后,变得越来越大,长成了大气托不住的大水滴,就会往下降落。"

小灵猫:"为什么还会**电闪雷鸣**呀?"

燕博士:"由于高空的气温很低,浓积云中除了有小水滴外,还有小冰晶、小冰晶团。它们之间常常闹矛盾,不断地打打闹闹,引出阵阵的轰鸣声,雷阵雨就这样产生了。"

恐龙西西:"哦,原来是因为夏天天气太热引起的。看来,夏天出门时,还是别偷懒,常带上一把伞,遇上下雨也就不用害怕了。"

正说着话,空中又是电闪雷鸣,有的闪电像树枝,有的像圆球,小灵猫捂着耳朵大声地问道:"燕博士,闪电为什么不是直线形的?"

31

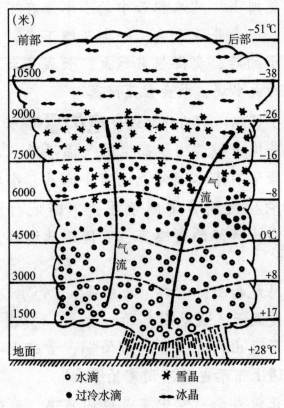

（米）		−51℃
前部	后部	
10500		−38
9000		−26
7500		−16
6000	气流	−8
4500	气流	0℃
3000		+8
1500		+17
地面		+28℃

○ 水滴　　　　✳ 雪晶

● 过冷水滴　　━ 冰晶

雷雨云的结构

闪电为什么会奇形怪状？

夏季的一天下午，天气很闷热，天空乌云翻滚。突然，在一声很响的惊雷之后，一个火球从半空中窜下来，直扑森林村。**火球**围着小动物们的住房跑了一圈以后，从住房北面的窗子窜进了房子里面，并开始在房间内**沿着墙壁跑起来**。

小恐龙西西、小蚂蚁南南、小灵猫、小梅花鹿北北一边睁大眼睛盯着这个大火球，一边倒退着尽量躲开火球。

大火球好像对小动物们没有什么兴趣，它只是在房间内**绕圈子**。不过还没有绕到两圈，却**忽的一下钻进了冰箱**。

小恐龙西西吓得扑通一声坐在地上，小梅花鹿北北吓得大气都不敢出，她轻轻地推了推小灵猫："大火球会不会吃掉我们的食

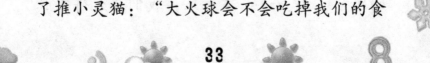

物啊?"

小蚂蚁南南气得直跺脚:"糟了,这个该死的大火球,竟敢跑到我们的冰箱里偷吃东西!"

可是,谁也不敢靠近冰箱,谁也没有勇气去打开冰箱看一看,甚至连走到燕博士工作室门边的勇气都没有。

突然,**大火球又从冰箱中窜了出来**,在房间的地上蹦跳了几下,又回到它刚才进来的北面窗户下。不过,这一次可不是从窗户往外跑,而是在窗户下的墙壁上"轰隆"一声**打了一个大洞**,大火球很快从洞中钻了出去。

小动物们一个个都吓呆了,待在原地一动也不敢动,大火球钻出去很久以后,小灵猫才做着怪脸围着房屋转圈,想找寻大火球留下的痕迹。

小蚂蚁南南轻手轻脚地走到小恐龙西西的跟前,小声说:"看来,我们今天得饿肚子了。"

小恐龙西西："还谈什么饿肚子，大家

赶快检查一下，看是不是有人
在搞恐怖活动，让燕博士赶快
过来想想办法。"

其实，刚才**大火球**在墙上打洞的轰隆
声已经惊动了燕博士，他正站在工作室的门
边，在查看发生了什么事情。

小恐龙西西走了过去："燕博士，您看是不
是有什么人跟我们过不去，故意搞破坏呀？"

燕博士："要说搞破坏，那是闪电在搞
破坏。"

小灵猫："我们平常见到的
闪电都像树枝一样，怎么这个闪
电像一个球啊？"

燕博士："我们先要搞清楚，**闪电是
怎样产生的**？"

小灵猫："不就是因为夏天温度高，水
汽多吗？"

燕博士"对，在夏季的下午或傍晚，地面上的热空气带着大量的水汽不断往高空跑。"

小蚂蚁南南："这些水汽跑到很高的空中，因为那儿很冷，就会凝结成小水滴。"

燕博士："这些小水滴聚在一起，形成了大块大块的积雨云，在积雨云中有的地方带正电荷，有的地方带负电荷，地面也因为受到积雨云中电荷的影响，带上与云底不同的电荷。不同的电荷是会相互吸引的，而空气却拦在中间，不愿意让它们交朋友。"

小灵猫："这关空气什么事，是不是那些电荷团结起来，狠狠揍了空气一顿，就会打雷闪电了？"

燕博士："那倒不是。但是，随着热空气不断把水汽带到高空，积雨云会越来越大，越来越厚，电荷也会越积越多。当电荷的力量很强大时，就会形成一股很强的电流冲破空气的阻挡，打开一条狭窄的通道，与地面的电荷握手。因为电流太强了，在打开通道时，会**把拦路的空气烧得比太阳表面的温度还要高出好几倍**，所以才会发出耀眼的白光，这就是闪电。"

小灵猫："为什么有时闪电是树枝形状的呢？"

燕博士："虽然空气的阻挡力很大，但是却不像墙壁那么均匀，有的空气比较潮湿，闪电容易通过；有的比较干燥，闪电则不容易通过。所以，**闪电会往潮湿空气的地方跑，而躲开干燥的空气**，七拐八拐就成了一条弯弯曲曲的路。如果前面有好几块潮湿的空气，闪电还会分头穿过，这样的前进路线，形状看起来是不是跟树枝一样？"

小灵猫："那为什么今天这个闪电像个圆球呢？"

燕博士："当闪电最先打击地面时，出

37

现的一般是**球状闪电**，这是一个带电的**气体球**，很轻，会随风飘移，所以才会通过窗子的空隙钻进房间内，甚至钻进冰箱里。还有片状的闪电，珍珠项链一样的闪电，甚至还有像火箭一样的闪电。"

小蚂蚁南南："想不到还有那么漂亮的闪电，可惜，我们都没有注意过闪电的形状。"

小恐龙西西："哎呀，刚才闪电还钻到我们的冰箱里去了，赶快打开看看吧。"

小灵猫跑去打开冰箱，见里面的鸡、蔬菜和水果正在冒热气，小灵猫伸手就想抓鸡腿吃。小恐龙西西打一下小灵猫的手："你还没洗手，不能抓东西吃。"

小蚂蚁南南："没想到**闪电还能帮我们做饭**，太好了！"

小灵猫："燕博士，电荷只是发了一下脾气，把空气烧着了，为什么会有那么响的雷声啊？"

雷声为什么那么响?

夏天，一个宁静的上午，微风吹得树叶在枝头轻轻摇晃。天空有很多的白云在慢慢地移动，这是一个多云的天气。太阳常常被云遮住，光照不强，又有风，真是一个很舒服的好天气。

小恐龙西西从房间里走了出来，伸了一个懒腰："嘿，今天真舒服，房子外面比里面更舒服。我还是到草地上去睡觉吧，比待在家里强多了。"

西西一摇一摆地朝草地走去，来到草地上那棵大树的下面，往地上一躺，跷起了二郎腿，嘴里哼着《大自然杰作》的曲子。哼着，哼着，声音越来越小，二郎腿也放了下来，歌曲声变成了呼噜

声……

小灵猫从房间里走出来，手里拿着钓鱼竿，朝小恐龙西西走去。来到西西的身边，听见很大的呼噜声，就赶快放下钓鱼竿，用手堵住两个耳朵，低下头看看西西是真睡觉，还是假睡觉。

见西西没有动静，小灵猫就用脚轻轻地踹他，呼噜声变小了。但刚过了一会儿，呼噜声又大起来了。

小灵猫气得从西西身边离开，回到房间里去了。

一会儿，小灵猫拿出一面锣，来到西西的身边，用力打了一下锣，"哐"的一声，把西西惊醒了："怎么了？怎么了？"

见西西一脸惊慌的样子，小灵猫故作紧张地说："打雷了！"

西西一听，连忙从地上爬了起来，朝房间跑去，边跑边说："打雷了，糟了，又要

40

下雷阵雨了。"

小灵猫站在草地上，笑得前俯后仰的。

西西跑进房间后，站在门边朝天上看去，云是白色的，还有丝丝的微风。再看看小灵猫笑得那么厉害，才知道是上当受骗了。他跑回小灵猫的身边，把他推倒在地，并用手压住小灵猫的肩膀："好不容易有一个舒服的天气，想好好睡一觉都不行。你这个家伙的心肠怎么这么坏。"

小灵猫被压在地上，边作揖边求饶："对不起，对不起！天气这么好，我想和你一起去钓鱼。"

小恐龙西西松开压住小灵猫的手，把他从地上拖起来，拍拍他的肩膀说："今天不想钓鱼，刚才那么响的锣声，让我想起了一个问题。我们去找燕博士，问问他，**为什么雷声会那么响**？"

小灵猫："好哇，我也想知道，走吧！"

　　小恐龙西西和小灵猫来到燕博士的工作室门前，敲了敲门，但不等里面说话，就走了进去。燕博士正坐在计算机前面工作，见他们进来，就问："你们有什么事呀？"

　　小灵猫："燕博士，我们想知道，为什么雷声会那么响？"

　　燕博士："上次我们讲了为什么会闪电，讲到电流会在空气中打开一条通道。当**电流打开通道**时，这条通道内空气的温度可以达到1.5万~2万摄氏度。"

　　小灵猫："这么高的温度，什么东西都会被烧化了。"

　　燕博士："通道中的空气虽然没有化掉，但它们受热后，会急剧膨胀，**使通过它附近的空气压力，一下子增加100多倍。**因为电流的速度很快，当电流通过以后，原来通道内的空气温度会突然降到很低，空

气又会很快地收缩，压力也会降下来许多。这个过程说起来好像很长似的，其实空气膨胀、收缩只用千分之几秒的时间就够了。"

小灵猫："哇！这么短的时间，空气就发生了这么多的变化！"

燕博士："**在闪电爆发的一刹那间，会产生很大的冲击波**，冲击波以每秒5000米的速度向四面八方传播，并且会越来越没有力气，变成了**声波**。这就是我们听到的雷声。"

小灵猫："为什么我们每次听到的雷声，声音都不太一样呢？"

燕博士："当闪电发生的地方距离我们比较近时，爆炸产生的冲击波还来不及完全变成声波，就传到了我们的耳朵里，所以雷声很响，就像炸弹在我们身边爆炸一样。人们**称它为炸雷。**"

小灵猫："有时，雷声好像被捂住了嘴

43

巴，这是什么雷？"

燕博士："闪电发生的地方距离我们比较远时，爆炸产生的冲击波在云里传播时，会转变成好几种频率的声波。就好像我们听收音机时，频道没调准，会同时传来好几个频率的声音。那声音就像被捂住了嘴似的，听起来有些闷闷的，**这叫闷雷。**"

小恐龙西西："闷雷比炸雷好，没那么吓人。"

小灵猫："燕博士，我常听老一辈的人说'**干打雷不下雨**'，难道听雷声也能知道会不会下雨吗？"

雨的秘密

听雷声就能知道会不会下雨吗?

夏天，**一个闷热的下午**，小动物们坐在大树的树荫下乘凉，旁边一个电风扇在呼呼地转着，小恐龙西西还是热得受不了，他不停地摇着扇子，小灵猫热得抓着衣服边脱边扇。

突然一声炸雷，接着轰隆隆的雷声响个不停，远处山顶的天空中耸起了一块比山更高的乌云，乌云的顶部白亮亮的，看样子很快就要下雨了。

小动物们高兴地跳着，小灵猫跳到小猴子东东的身上，与他一起翻着跟斗。小恐龙西西停止了摇扇子，他拿着扇子抬头看天。

过了一会儿，乌云从森林村的头顶移过，**只下了几滴雨，雷声消失了，天也很快转晴了**。小动物们失望地坐在

45

地上，抬头望着天空，小梅花鹿北北的眼泪都挂在了眼睫毛上。这时，燕博士从工作室走了过来。

小灵猫看见燕博士就大声问道："燕博士，刚才雷声那么响，才下了几滴雨，这叫什么雷阵雨啊？"

燕博士："像这样雷声大，雨点小，或者干打雷不下雨的现象经常会发生的。有经验的农民伯伯就知道：**雷公先唱歌，有雨也不多**。"

小灵猫："这是为什么啊？"

燕博士："雷阵雨是因为夏季，强烈的太阳光照射到地面，地面受热后水汽不断蒸发、上升而引起的。如果地面的增热不均匀，有的高，有的低，就会产生你来我往的对流现象。"

小灵猫："**受热不均匀**，空气对流就会产生风。"

燕博士："对，但这样的对流范围不

雨的秘密

大，小的范围只有1千米左右，相当于两个森林村那么大；大的也不会超过二三十千米。"

小灵猫用两只手的食指和拇指比划出一个长方形，对着森林村左看看右瞧瞧，再抬头望望天，觉得森林村的范围没法跟那么大的天相比："这么小的范围，空气对流有什么意思呀？"

燕博士："由于空气对流的范围太小，雷雨云也不大。但是，**打雷、闪电和下雨都发生在雷雨云**中，云的中间雨量是很大的。如果我们头顶的天空正好是雷雨云的中部，那可能就要下暴雨了。"

"如果我们的头顶正好是这块云的边缘，那就只能得到几滴雨了。如果我们头顶的天空连这块云的边也没沾上，那不是白等了。"说着，小灵猫把两只手一摊，做了一个怪样子，面部表情很失望。

小恐龙西西："可我们都听到雷声了。"

森林村的小·气象谜

SENLINCUN DE XIAOQIXIANGMI

　　燕博士："**雷声能传到的范围可比下雨的范围大得多了**，它能传到离雷雨云50~70千米远的地方，而闪电最远可以传到100千米的地方。所以，像今天这样，因为我们处在雷雨云边缘经过的地方，虽然能听到很大的雷声，但却只得到了几滴雨水。"

　　小恐龙西西："这就是'雷声大，雨滴小'的原因呀。"

　　小灵猫："如果我们正好处在能听到雷声，看见闪电，但却没有雷雨云从头顶经过的地方，那就只好享受'**干打雷，不下雨**'的待遇了。"

　　燕博士："别以为我们这儿没下雨，雷雨云就在天空白跑了一趟，其实那些正好处在雷雨云下的土地肯定能够喝饱雨水。"

　　小灵猫踮起脚尖，朝远处望去，他想看看远处有没有下雨。远处的山背后，天空是

48

雾蒙蒙的——那儿正在下大雨。

小恐龙西西："农民伯伯说的'**隔牛背雨**'是不是也是这个道理？"

燕博士："没错。当雷雨云的面积只有1平方千米左右时，我们可能**只要多跑几步，就能跑出下雨的地区**。"

小灵猫："有一次，我出门时正赶上下很大的雷阵雨。可是，当我撑着伞，还没有走出多远，就发现头顶艳阳高照，脚下根本没有下过雨的潮湿痕迹。"

小恐龙西西："那天我去城里时，我们这儿明明在下大雨，可我撑伞走到城里时，别人都偷偷地笑我。原来**那儿根本就没有下过雨**，头顶上太阳晒得够呛。夏天上街，只有女士才会撑伞，哪有一个大男人撑伞遮太阳呀。当时可把我气得不知怎么办才好，心里恨死那讨厌的天气了。"

小灵猫爬到小恐龙西西的背上，看他的脸气成什么样子了。小恐龙西西用力把小灵猫摔了下来。小灵猫很快就从地上爬了起来，然后走到燕博士的跟前，他又想到了一个新的问题："天天都下雷阵雨就好了，下过雷阵雨以后的空气更新鲜。燕博士，雷阵雨是不是能给空气洗澡呀？"

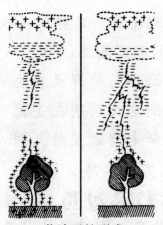

落地雷的形成

雷阵雨能清洁空气吗？

夏天的下午，一阵雷阵雨过后，树叶还在往下滴水珠，远处的天边出现了一道美丽的彩虹。

正在生病的小蚂蚁南南被小灵猫扶到大树下，有气无力地靠在大树的树干上，伸开双手，形成圆筒状放在嘴边，大大地吸了一口气。

突然，**南南的精神好像变好了**，他站起来在草地上走来走去。小灵猫站在他的身边，高兴得只拍手。

正在树下荡秋千的小猴子东东惊讶地停下了秋千，走到南南的跟前，蹲下来在他身上摸来摸去的，又站起来摸摸他的头，仔细看看他的脸，然后大声叫起来："燕博士，快过

来，您看南南的身体好多了！"

燕博士很快就飞了过来，他伸出手给南南把了一下脉，然后点了点头："这是因为**雷阵雨过后，空气变得更加新鲜**了，南南呼吸了大量的新鲜空气后，精神就好多了。"

小灵猫："为什么雷阵雨过后空气会变得更新鲜呢？"

燕博士："雷阵雨时的倾盆大雨，能给空气痛痛快快地洗个澡，**把原来悬浮在空气中的灰尘冲掉一大半**。并且，伴随雷阵雨而来的还有闪电和雷鸣，在闪电的过程中，云团中的正电荷与负电荷之间以及云团的电荷与云团外物体的电荷之间，都会发生很强的放电现象，产生巨大的**电火花**。"

小灵猫："就是我们看到的闪电现象吗？"

燕博士："对。而且，**强大的电火花会使空气中的一部分氧气变成臭氧**。"

52

小灵猫："那空气应该变得很臭才对，怎么会更清新呢？"

燕博士："很浓的臭氧，确实会有一种特殊的臭味。可是，**淡淡的臭氧一点也不会臭的，它还有杀菌和漂白的作用。**"

小恐龙西西："那我们去买一些臭氧回来杀细菌好吗？"

燕博士："可以的。雷阵雨过后，空气中飘荡着的**少量臭氧，能净化空气，使空气变得更清新**。并且，臭氧活泼、好动，有它的帮助，空气中的氧气会增多。"

小灵猫："氧气？这可是地球上所有的动植物生存下去，最不可缺少的东西啊。"

燕博士："另外，空气中还有一种被人们称为**空气维生素**的**负离子**，它对人体的健康很有好处，可以防治疾病。"

小灵猫："我们怎么看不见什么负离子啊？"

燕博士："负离子可不是你想要就能

得到的，**晴天的负离子比雨天多**。雷阵雨过后，天气很快会放晴，此时的空气干净，负离子不仅比较多，而且存在的时间也会长一些。"

小灵猫："我们是不是可以想办法留住负离子啊？"

燕博士："负离子的寿命很短，在灰尘很多的空气中只能活几秒钟，而**在雨过天晴的干净空气中，可以存活好几分钟**。南南在洁净的空气中，呼吸了比平时更多的、有益于身体健康的负离子，所以精神好多了。"

小灵猫禁不住张开大口深深地吸了几口空气，然后做出一副很舒服的样子："负离子的作用真好，难道我们只能等到雷阵雨过后，才能饱吃一顿负离子吗？"

燕博士："不，在空气干净的山顶上，在喷泉和瀑布附近，负离子的含量都比较

多。而在房间里，或者在城市的街道上，负离子的含量就很少了。"

小灵猫："如果我们整天待在房间里，不出来活动，或者只到大街上活动，就不能呼吸更多的负离子，对身体的健康也没有好处。对吗？"

燕博士："对。应该坚持天天外出锻炼身体，到野外呼吸**新鲜空气**。"

小灵猫："南南，你肯定很少参加户外活动，所以身体才会这么差的。"

南南："以后，我一定要坚持参加户外体育锻炼，让身体更健康。"

小灵猫："燕博士，**雷电能清洁空气**，对我们的健康很有利。可有时候也会给我们平静的生活带来很多麻烦。有没有什么办法，能让雷电听我们的话？"

能叫雷电听我们的话吗？

　　这是一个电闪雷鸣的下雨天，天空中一道道的闪电，使乌云覆盖的天空一会儿亮，一会儿暗。阵阵轰鸣的雷声，好像把大地都震动了，从天而降的**倾盆大雨**，一直哗啦啦地下着。大风也来凑热闹，树枝被大风吹得发出令人发毛的响声。

　　小蚂蚁南南害怕地在房间里躲来躲去，一会儿躲在桌子下面，可是，这儿仍然能看到**忽明忽暗树枝般的闪电**，不行，还是躲到床底下，可是床底下仍然可以听见震耳的雷声。最后，南南从床底下爬出来，抱住坐在椅子上的燕博士，头上的两根触角不停地摆动着。

　　小灵猫从旁边走过来，拍拍南南的背：

56

雨的秘密

"喂，南南老弟，打雷闪电都发生在屋子外面，你躲在屋子里面害怕什么呀？"

"雷声好吓人，你没有感觉到大地在震动吗？你不害怕，我害怕。如果雷声真的把大地震得跳起来，可能我是第一个被震出地球的。"

小灵猫用手比划一下南南的个子："嘿，个子小小的，胆子也是小小的，真没用！"

燕博士："**雷电能产生很大的能量**，它可以击中正在升空的火箭和飞机，破坏高大的楼房，把大树劈裂，将金属板击得弯弯曲曲，还能引发森林火灾，伤害人畜。能不叫人害怕吗？小灵猫，你不要嘲笑南南！你们知道吗，地球上平均每秒钟就有100次雷电发生。"

小蚂蚁南南："哇，**每秒钟100次**，太可怕了，人类就没有办法把雷电赶走吗？"

小灵猫："怎么没有,那些高楼上不是都装有尖铁棒吗。"

燕博士："那叫避雷针。美国的著名科学家富兰克林1754年就制造出了世界上第一根避雷针。"

小灵猫："哦,200多年前就已经有避雷针了。"

燕博士："可是,当时许多人说这根铁棒只会带来灾难。但在一场场打雷闪电的暴风雨中,装有避雷针的楼房都平安无事,大家这才知道避雷针的好处。很快,避雷针开始流行,有些人在雨伞上也装了避雷针。很多女同志,还在自己的帽子上装避雷针。"

"真有意思,这样赶时髦太滑稽了。干脆我们在南南的触角上也装一根尖铁棒吧。"小灵猫边说,边从口袋中掏出一根细铁棒和一根绳子来,想把细铁棒捆在南南的触角上。南南一直把头摇来摇去的，躲避着小灵猫的恶作剧。

　　燕博士："小灵猫，避雷针装在头上是没有用的，又是绳子又是铁棒捆在头上当装饰品，也不好看，别欺负老实人了。"

　　小灵猫："避雷针真的能把雷赶走吗？"

　　燕博士："避雷针其实应该叫'引雷针'，它是把打击高楼的闪电引到自己身上，然后送到地下去，让高楼平安无事。"

　　小灵猫："那没办法装避雷针的人、动物、树木怎么办呢？"

　　燕博士："科学家研究出了三种方法。一种是用飞机向制造雷电的云中播撒制冷剂。当云团中有水滴、冰晶、冰晶团同时存在时，它们才会在云中打架，它们一打架，就容易打雷闪电。如果让小水滴一个个都冷得冻成了冰晶，云团中都是冰晶，架就打不

起来了，雷电也就不容易产生了。"

小灵猫："这个方法不错。"

燕博士："另一种方法，是用飞机**在雷雨云中撒金属丝**，让金属丝放电，把能产生雷电的水滴、冰晶、冰晶团打散，把爱打架的人分开，是不是就打不起来了？"

小灵猫："哦，就是往云团中送一些和事佬呀，这个方法也不错。"

燕博士："第三种方法，是从地面向要打雷闪电的**云中发射高炮和火箭**，让炮弹在云中爆炸，把爱打架的水滴、冰晶、冰晶团先揍一顿，挨了打的水滴、冰晶就不敢打得那么厉害，产生的雷电就不会那么可怕了。"

小灵猫："雷电又不是乖孩子，能听科学家的话吗？"

燕博士："在一个小范围内可以让它们听话，当它们脾气很大时，就很难让它们听话了。"

雨的秘密

小灵猫："燕博士，我们能不能把雷电引到干旱的地方，到那儿去下雷阵雨呢？"

燕博士："现在我们还不可能做到，但是，可以在干旱的地区开展**人工增雨**作业。"

小灵猫："靠人的力量，真的能让老天多下雨吗？"

利用地面的高压电线控制云中电荷

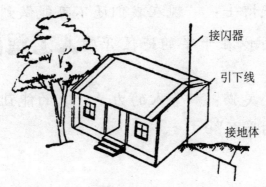

接闪器

引下线

接地体

建筑物的防雷装置

人工真的能增雨吗？

这是夏季的一天上午，天空的太阳火辣辣地照着大地，一丝云也没有。从春天开始，森林村这儿就没有下过雨，**地都干得张开了大口，草都枯死了**，就连花园的花朵都是蔫蔫的，好像生病了一样，幸好小梅花鹿北北很勤快，每天都给它们浇水，不然，也许早就像小草一样干死了。

北北浇完花以后，就不停地往小花园旁边搬砖头，并动手在那儿砌起灶来，小恐龙西西则搬来一个很大的锅架在灶上，小蚂蚁南南从树林中捡了很多的枯树枝，把它们堆放在灶旁。

一切都摆放好了以后，西西就提了一个大桶朝海边走去，很快就提回一桶海水倒进了大锅里，南南开始点火，然后就趴在地

上，不断往灶内吹气，只见灶里面**烟雾腾腾**的。

西西看了看趴在地上的南南，用手拍拍他的背，做了一个扇风的样子，让小蚂蚁南南找把扇子来扇风。然后自己提起大水桶，转过身来，又想朝海边走去。这时，小灵猫和燕博士走了过来。

小灵猫："市场上现在是不是买不到盐，你们想用海水熬盐呀？"

小恐龙西西："不是，我们想增加空气的湿度，增加一些又热又湿的空气，让天空有云，**好下雨呀！**"

小灵猫：："没听说这样就能下雨。"

西西："我们这儿很久都没有下雨了，再不下雨，树都要干死了。总得想想办法，帮帮老天的忙，让它下点雨吧。"

燕博士："现在，气象部门是有人工增

雨的秘密

雨的方法，但不是像你们这样做。到处都像这样架起灶来烧树枝，首先，空气污染就会加重，然后，便是一事无成。"

小灵猫："**人工真的能增雨吗？**"

燕博士："是真的。我们都知道，云是水汽凝结而成的，其实，天空中的云有两种，一种是冷云，它的温度在0摄氏度以下，一种是**暖云，它的温度在0摄氏度以上**。只要它们听话，就能下雨。"

小灵猫："什么样的云是冷云？"

燕博士："**冷云中都是一些亮闪闪的冰晶**，不过也有一些温度在0摄氏度以下，但还没有冻结的水珠。当水珠变瘦，冰晶变胖后，就会下雨，或者下雪了。"

小灵猫："为什么一个会变瘦，一个会变胖呀？"

燕博士："当水珠蒸发出水汽后，是不是就变瘦了？当

65

蒸发出的水汽凝结到冰晶上时，冰晶是不是就变胖了？"

小灵猫："就这样变瘦、变胖呀！"

燕博士："当冰晶越来越胖，上升的气流托不住它时，就会从天上掉下来。如果地面的温度低于或者刚好在0摄氏度左右时，就会下雪。如果地面的温度更高时，就会下雨。"

小灵猫：**"怎样才能让冷云下雨**呢？"

燕博士："人们只要用飞机、火箭、炮弹、气球把冷冻剂**干冰**喷到云团中去，使云团内的温度下降，这样冰晶就会增多、增大。或者把长相很像冰晶的**碘化银**微粒撒到云团中，让水汽误把它们当成冰晶，附着在它们的身上，就能增加云团内冰晶的数量。这些办法，都能**帮助冷云下雨**。"

小灵猫："那暖云里面有什么呢？"

燕博士："暖云里只有水珠，当大水珠

雨的秘密

吃掉小水珠，变得越来越大时，就能变成雨滴降落下来了。"

小灵猫："**怎么才能让暖云下雨呢？**"

燕博士："要让暖云下雨，就必须用上**能吸水的催化剂**。比如说食盐、盐水和氯化钠。"

小灵猫："往天上撒盐末能行吗？"

燕博士："要用飞机、火箭、炮弹、气球将催化剂送入云中，也可以用开炮等办法，**刺激天空，**促使暖云中的水珠加快运动的速度，也就加快了大吃小的速度，水珠就能很快增大，变成雨滴降下来。"

小恐龙西西："看来，我们劳动了半天，是白辛苦了。燕博士，如果天上一丝云也没有，人工增雨能成功吗？"

燕博士："那当然不行。天空必须先

67

做好下雨的准备工作，如云、水汽、气压都必须要**符合下雨的条件**，再进行人工增雨，才能取到效果。"

在燕博士说话时贪玩的小梅花鹿北北抬头朝天上看，天空这时有几缕亮闪闪、有点像钩子一样的云正缓缓地飘过。北北赶紧指着天空叫起来："燕博士，快看，天上有像钩子一样的云，可以人工增雨了吗？"

燕博士："有钩钩云，自己就会下雨了。"

钩钩云为什么会下雨？

小梅花鹿北北的妈妈居住的大草原，是一个原始森林附近的很大很大的草原。在原始森林里和大草原上住着许许多多的动物，有凶猛的老虎、狮子、豹子，也有温顺的斑马、羚羊，为了北北能够安全地长大，妈妈很早就把北北送到了森林村。

从小梅花鹿北北来到森林村后，就再也没有到妈妈生活的那片大草原去过。小梅花鹿北北已经很久很久没有看见妈妈了，她现在可想妈妈了。

前几天，邮递员喜鹊给北北送来了一封信，那是妈妈写来的信，她让北北在天气晴朗时，到那片大草原上去玩。

今天早晨一起床，小梅花鹿北北就跑

出房门，站在门边看天，**天上只有很少很少的云。**北北可高兴了，她赶快跑回房间，一边拿出行李箱，一边大声向大家报告："今天的天气真好，天上也没有什么云，我可以动身去看妈妈了。"

小恐龙西西、小蚂蚁南南和小灵猫一听，也为北北感到高兴，连忙帮她整理行李。

小蜜蜂中中走出房门，来到门外的草地上。她抬头朝天上看去，天上确实没有多少云，可是，云彩虽然不多，但**一朵朵云彩都带着钩子并且还有亮闪闪的丝丝**，让人觉得漂亮云彩的背后好像藏着一点凶险似的。

小蜜蜂中中赶紧跑回房间，走到北北的身边："北北，今天不能去看你妈妈了，天上是**钩钩云**。"

小灵猫、小恐龙西西和小蚂蚁南南一

听，和北北一起走出房门，来到草地上，大家都抬起头来看天。

小梅花鹿北北："天上的云很少，表示又热又湿的空气很少，怎么会下雨呢，不可能的。我不相信你的话，我一定要去看妈妈。"

小恐龙西西、小蚂蚁南南在旁边不住地点头。小灵猫摸摸自己的脑袋："'**天上钩钩云，地上雨淋淋**'，难道就是指的这种云吗？"

小蜜蜂中中肯定地点点头："钩钩云就是这种云。"

小梅花鹿北北："钩钩云这么少，小雨滴肯定也很少，怎么会下雨呢？下雨的云都是黑灰色的，范围也是很大一片，只有那种云里面才会有很多很多的小雨滴，才会下雨。"

小灵猫："但是，谚语是几千年来劳动人民总结出来的，应该是有一定道理的。"

　　小梅花鹿北北："那你说说看，道理在哪里？"

　　小灵猫："我也说不清，还是去问问燕博士吧。"

　　小灵猫掏出手机给燕博士打电话，燕博士很快就走了过来："小灵猫，才几步路也不想走，还要打手机。"

　　小灵猫："燕博士，您看看，天上是钩钩云吗？"

　　燕博士点点头："没错，正是钩钩云。"

　　小灵猫："为什么钩钩云就会下雨呢？"

　　燕博士："钩钩云是卷云的一种，在气象上叫钩卷云。这种云是暖空气的开路先锋，有时也会给冷空气中的积雨云或者台风带路。"

　　小灵猫："啊，钩钩云原来是一个导游小姐呀！"

雨的秘密

燕博士："钩卷云的钩钩，是暖湿空气上升到6000米以上的高空后，中间的水汽遇冷凝结成小冰晶而形成的。高空的风力很大，冰晶随风飘荡下落时，便成为斜斜的云丝了。"

小灵猫："那为什么钩钩云导游小姐会下雨呢？"

燕博士："因为，每当冷空气和暖空气相遇要打架时，钩钩云就会先来侦察战场。所以，只要钩钩云一出现，那后面一定会跟着许多又热又湿的空气。"

小灵猫："嘿，钩钩云小姐也兼职做侦探，有意思。不过，只要又热又湿的空气跑过来，晴天肯定就保不住了。"

燕博士："是的，晴天就很快会转为阴雨天气。"

小灵猫："那以后我们只要见到钩钩云，就最好不要出

73

门，一定要出门就得带上雨具，以免变成落汤鸡，因为天一定会下雨的。"

燕博士："还是要先分析一下云况。如果钩钩云出现后，云层没有很快变厚、降低，那么，最近几天内还不会下雨。如果很快出现一层薄云，均匀地布满了天空，并且**云层在逐渐加厚**，云底在不断降低，那很快就会出现阴雨天气了。"

小灵猫："我们看看今天的钩钩云，哇！这么快就变成满天的薄云了。"

燕博士："看样子很快就要下雨了。北北，今天是走不了啦。"

小梅花鹿北北："没关系，天总是要晴的。等天晴了，我再去看妈妈。"

雨的秘密

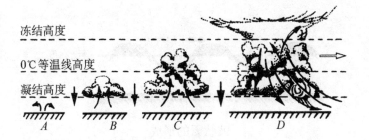

积状云的形成

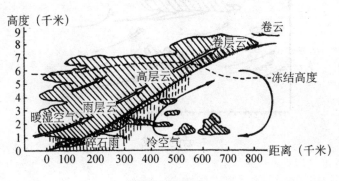

层状云的形成

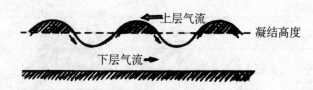

波状云的形成

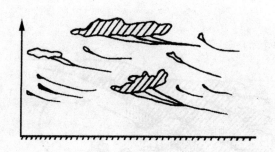

卷云的形成

76